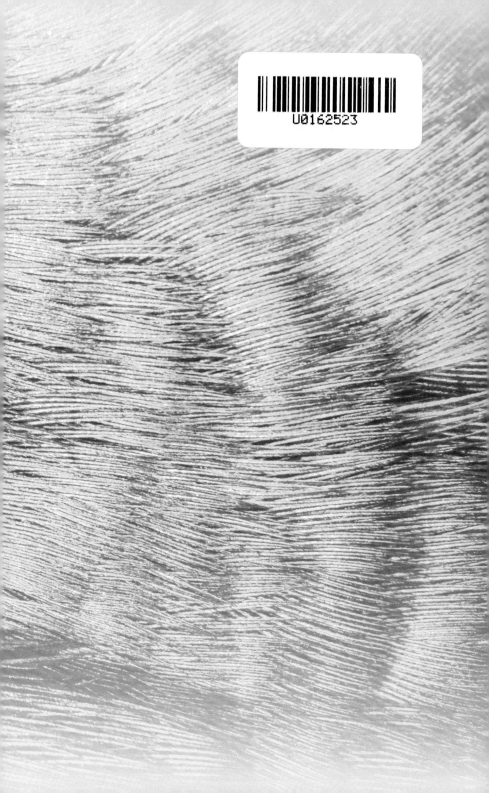

U0162523

意想不到的微观世界

［英］斯潘塞·威尔比 著　　肖诚梓 译

世界图书出版公司
北京·广州·上海·西安

如何使用这本书

本书中一共有 80 种东西，每一种东西都配有两张图片，其中一张图片是通过高倍显微镜拍摄的，你可以根据这张图片猜一猜这是什么，而第二张图片则会为你揭晓答案。

猜 猜这是什么？

蝴蝶

成年的蝴蝶有两对覆盖着微小鳞片的膜状翅膀，这对翅膀的主要用途是飞行，但也兼具防御和伪装的功能。

世界上大约有 16 万种蛾子和蝴蝶，它们的寿命从 1 周到 1 年不等。

蝴蝶和蛾子都是鳞翅目昆虫。

你认出这些东西都是什么了吗？我们还为你提供了关于这些东西的详细介绍。结果怎么样？记下你的"猜谜"成绩，开始和你的朋友与家人一起挑战吧！

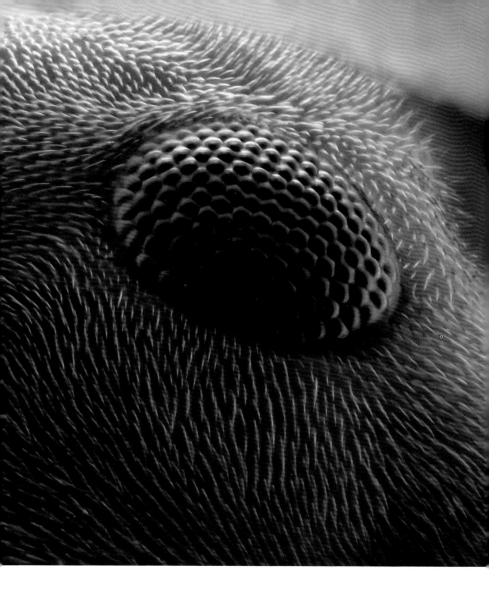

猜 猜这是什么?

蚂蚁

　　蚂蚁在 1 亿年前就出现了，是在白垩纪由原始胡蜂演化而来的。它们群居生活，一群蚂蚁最少有 12 只，多则会有几百万只。

　　蚁后能活 30 年，雌性工蚁能活 1～3 年，雄蚁则只能活几周。

　　攻击性最强的蚂蚁是多毛牛蚁，而咬人最疼的蚂蚁是子弹蚁。

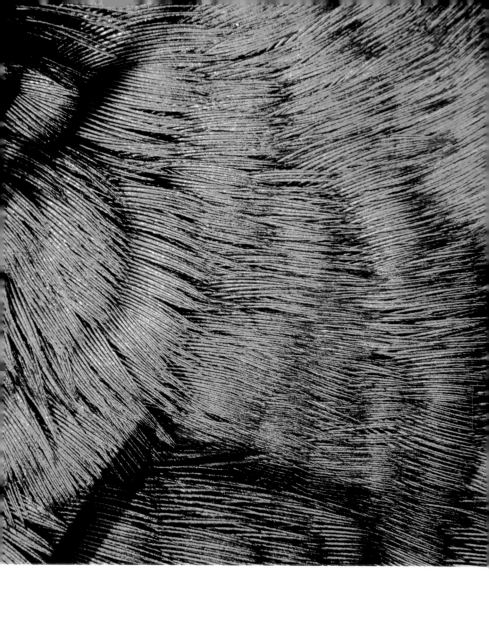

猜这是什么?

羽毛

最初，羽毛的主要功能是保暖和防水，但随着鸟类变得越来越小，羽毛也不断演化，成了帮助鸟类飞翔的工具。一只鸟身上羽毛的总重量通常比它的骨头还要重。

很多鸟类雌雄之间的羽色区别很大，通常雄鸟的羽色更加鲜艳多彩，这是因为雄鸟的羽毛越漂亮，它赢得配偶的机会就越大。

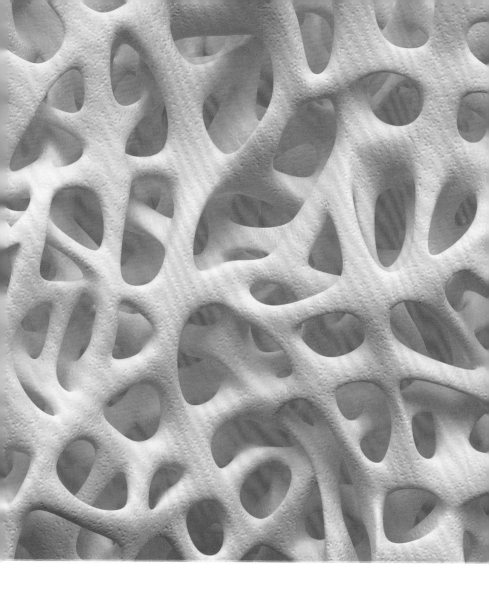

猜 猜这是什么？

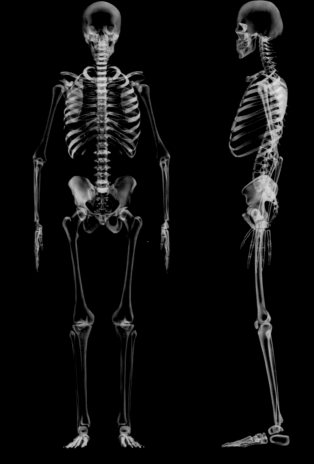

人类骨骼

  大部分成年人有 206 块骨头，不过新生儿有 300 余块骨头，它们其中的一些随着生长融合在了一起（例如头骨）。

  我们的身体中还有一些被称为籽骨的不规则的小骨头，它们并没有被计算在这个总数中。

  骨骼不仅可以支撑身体，并供肌肉附着，其中的骨髓还能产生红细胞、白细胞和淋巴细胞。

猜 猜这是什么?

西蓝花

西蓝花又叫花椰菜，是一种十字花科的植物。

西蓝花原产于意大利，4个多世纪之前就在地中海沿岸的国家得到了广泛种植。18世纪中叶，它被引入英国，但直到20世纪20年代才在美国流行起来。

西蓝花营养丰富，但如果烹饪时间超过5分钟，就会失去20%的营养。

猜猜这是什么？

蝴蝶

    成年的蝴蝶有两对覆盖着微小鳞片的膜状翅膀。这对翅膀的主要用途是飞行，但也兼具防御和伪装的功能。

    世界上大约有 16 万种蛾子和蝴蝶，它们的寿命从 1 周到 1 年不等。

    蝴蝶和蛾子都是鳞翅目昆虫。

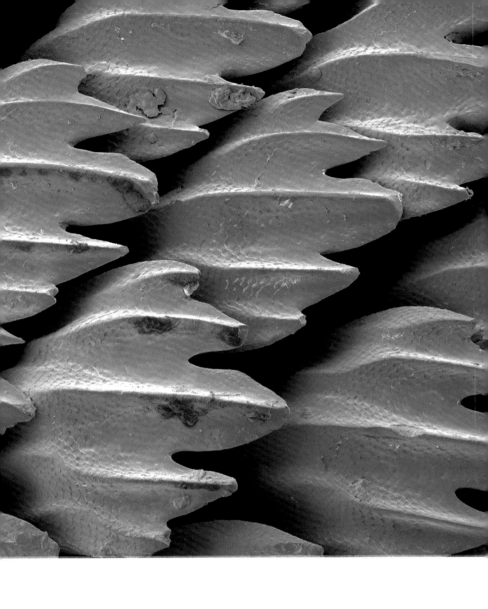

猜猜这是什么？

双髻鲨

　　双髻鲨的名字来自它头部奇特的构造：它的头部扁平，横向延伸成"丁"字形，这个像古代女子发髻一样的结构被称作"头翼"。科学家通过研究发现，双髻鲨的头翼上分布着化学传感器、电子传感器和压力传感器，因此它们可以准确地判断猎物的移动方向和速度。

　　双髻鲨有很多种，体长 0.9 ～ 6 米不等。它们白天集群游荡，在夜间则分散开来，各自狩猎。

　　由于渔业过度捕捞，双髻鲨的数量正在大幅减少。

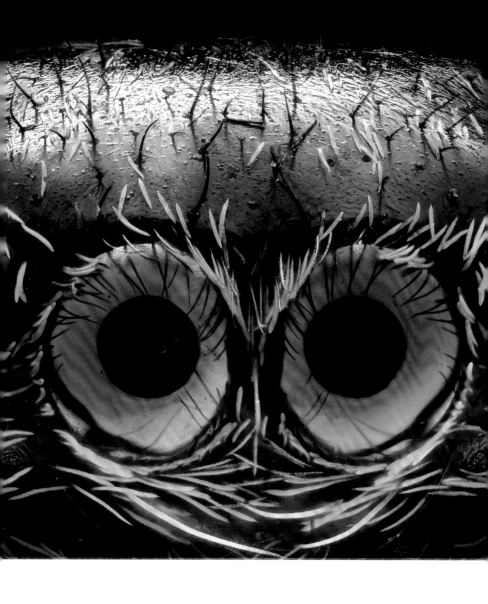

猜 猜这是什么?

13

跳蛛

跳珠科是蜘蛛目中最大的科。

所有跳蛛都有 8 只眼睛，其中最中间的一双眼睛特别大。跳蛛的体长通常在 1 ～ 25 毫米之间，它们善于跳跃，但是移动速度并不快，只有在狩猎时才会跳跃。

跳蛛在跳跃时，会制造一根蛛丝作为自己的"安全绳"，不过它们不会用蛛丝结网。

猜 猜这是什么?

蘑菇

蘑菇属于真菌，我们通常见到的是它肉质、带孢子的子实体。

过去真菌曾经被认为属于植物界，但如今已经独立划分为真菌界。

世界上有几万种蘑菇，其中大约 20% 有毒，但只有 1% 是致命的。

猜猜这是什么？

荨麻

　　荨麻上长满了蛰毛，这些蛰毛就像一个个微型注射器，会在刺入人体后自动注入植物毒素，使人产生刺痛感。

　　尽管会"蛰人"，荨麻同时也具有很高的药用价值和工业价值，添加荨麻提取物的洗发水有去头屑及防脱发的功效，荨麻纤维可以用作纺织原料，它的嫩叶甚至还可以被当成蔬菜食用。

猜 猜这是什么？

南瓜

南瓜是葫芦科的成员，在北美洲极受欢迎。

南瓜的叶子、花、种子和果肉都可以食用。在西方，每逢万圣节前夕，人们就会将南瓜挖空，在里面放上蜡烛制成南瓜灯。这一习俗起源于爱尔兰的传说"吝啬鬼杰克"。

据估计，仅 2018 年的万圣节，美国人就在南瓜上花了超过 5.7 亿美元。

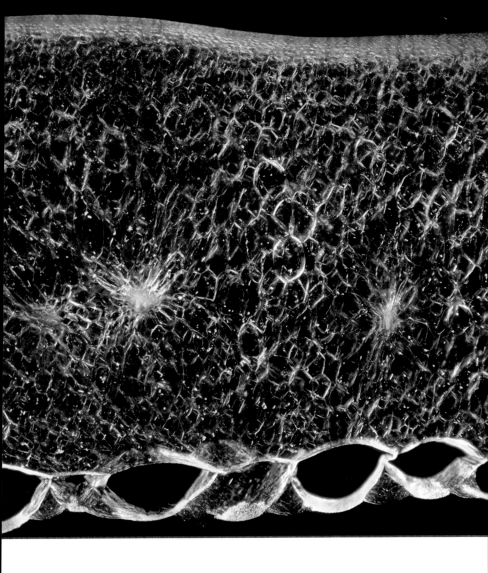

猜 猜这是什么？

辣椒

　　辣椒是茄科的成员，被广泛用于各地菜肴，为食物增添辛辣刺激的风味。产生"辣味"的物质是辣椒素，而"辣"其实并不是一种味道，而是痛感。

　　辣椒原产自墨西哥。现在我们通常会用斯科维尔指数来衡量辣椒的辣度：最温和的是没有辣味的甜椒，辣度为 0 ～ 100 斯科维尔；墨西哥青辣椒的辣度大约是 1 万～ 10 万斯科维尔；苏格兰帽子椒的辣度为 10 万～ 35 万斯科维尔。目前世界上已知的最辣的辣椒是卡罗莱纳死神辣椒，它的辣度高达220 万斯科维尔。

猜猜这是什么？

蓟

　　蓟的叶子和茎上长满了锋利的刺，这是为了使它们自己免遭食草动物的啃食。

　　蓟是路边常见的杂草，但它鲜艳的花朵和巨大的叶子也经常被用于观赏。在吉尼斯世界纪录中，最高的一棵蓟来自 2010 年的渥太华，足足有 2.4 米高。

　　蓟还是一种很好的蜜源植物。你也经常可以在各类纹章中找到它的身影，例如苏格兰的蓟花勋章。

猜猜这是什么?

舌乳头

舌乳头是舌头上的红色小突起，上面有被称为"味蕾"的味觉感受器，可以分辨酸、甜、苦、咸、鲜等味道。

狗只有1700个味蕾，而一个正常的成年人的舌头上有近1万个味蕾。令人意外的是，所有动物中，味觉最敏锐的居然是鲶鱼，它的味蕾遍布全身，大型的鲶鱼身上会有超过10万个味蕾。

人类舌头的功能十分复杂，它不但可以让我们感受味道，还可以帮助咀嚼和吞咽、清洁牙齿，更是辅助发音的重要器官。

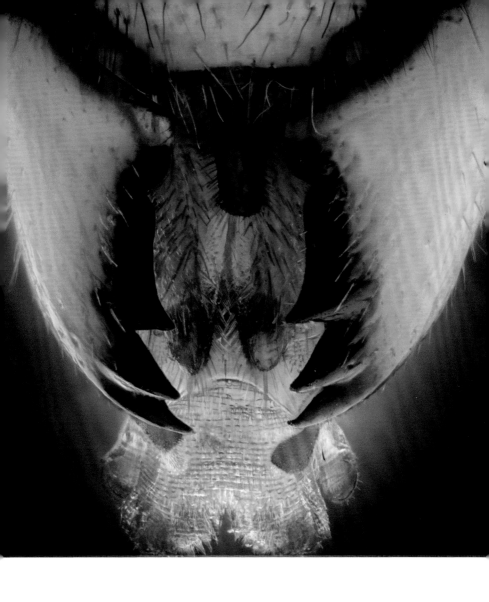

猜猜这是什么？

胡蜂

　　胡蜂、蜜蜂和蚂蚁有着共同的祖先，最早的胡蜂化石可以追溯到大约1.6亿年前的侏罗纪时期。

　　胡蜂是群居昆虫，蜂群由雌蜂、雄蜂和工蜂组成。雄蜂和工蜂都会在冬季到来前死去，只有雌蜂可以度过寒冬，并在春季到来之时重新筑巢并繁殖后代。

　　与蜜蜂不同，胡蜂不会采集花粉酿造蜂蜜，它们更喜欢吃肉。

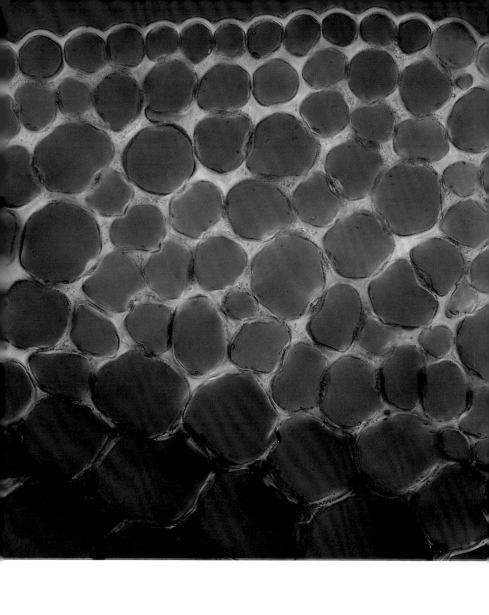

猜 猜这是什么？

罗勒

　　罗勒和薄荷一样，是唇形科的成员。它原产于热带亚洲和非洲，是一种重要的香料植物，被广泛用于各地菜肴之中。

　　罗勒的英文名"basil"来源于拉丁语"basilius"以及希腊语"βασιλικόν φυτόν"，本意为"国王的植物"。

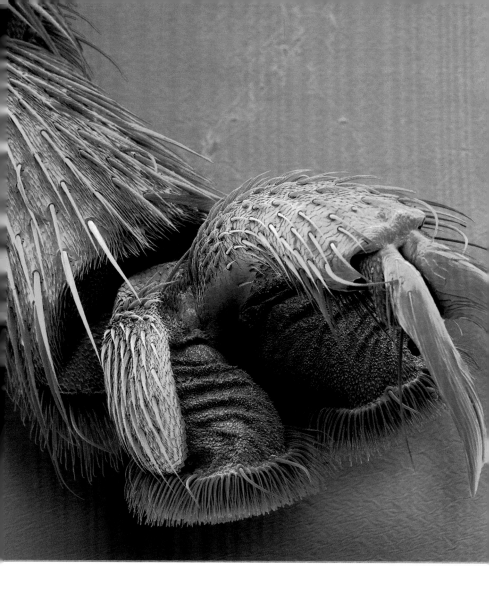

猜猜这是什么？

甲虫

　　甲虫是鞘翅目昆虫的总称，这是昆虫中最大的一个目，包含大约 40 万个物种，几乎占到了所有昆虫物种的 40%，以及所有已知动物种类的 25%。

　　除了海洋和极地，甲虫遍布所有种类的栖息地。

　　从古埃及文化中的圣甲虫，到如今的甲虫艺术，甲虫在人类文化中占有重要地位。

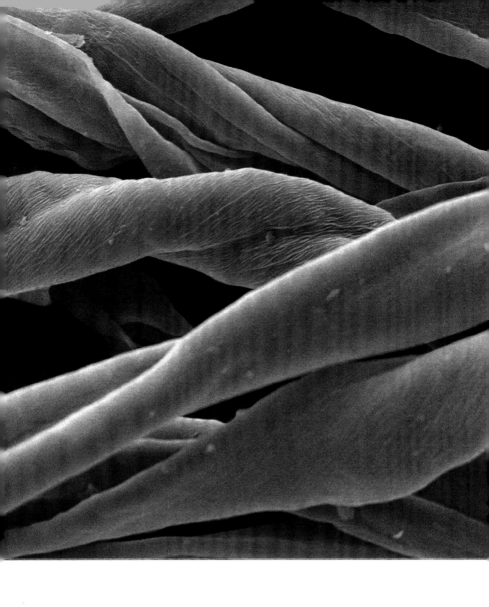

猜 猜这是什么?

棉花

　　棉花是锦葵科棉属植物的果实中柔软、蓬松的纤维（有时候也指这种植物本身）。天然的棉纤维有白色、棕色、粉色和绿色几种颜色，是如今应用最广泛的制作服装的天然纤维。

　　大约公元前 5000 年，印度河流域就开始种植棉花了。如今，全球每年的棉花产量已经超过 2400 万吨。

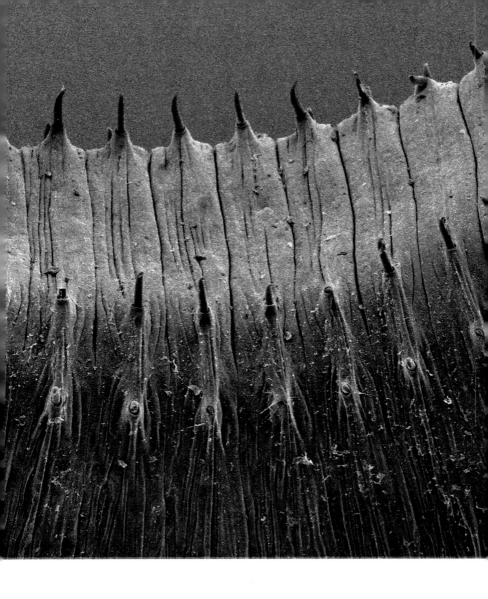

猜猜这是什么?

蚯蚓

　　蚯蚓是一种无脊椎动物，身体由很多个体节构成。

　　常见的成年蚯蚓大约长 20 厘米，不过世界上最短的蚯蚓只有 1 厘米长，而最长的蚯蚓可以达到 3 米以上。它们能粉碎、分解有机质，提高土壤肥力。

　　一些蚯蚓还有"再生"的能力：有些种类的蚯蚓被从中间切断后，有可能会长成两只蚯蚓。

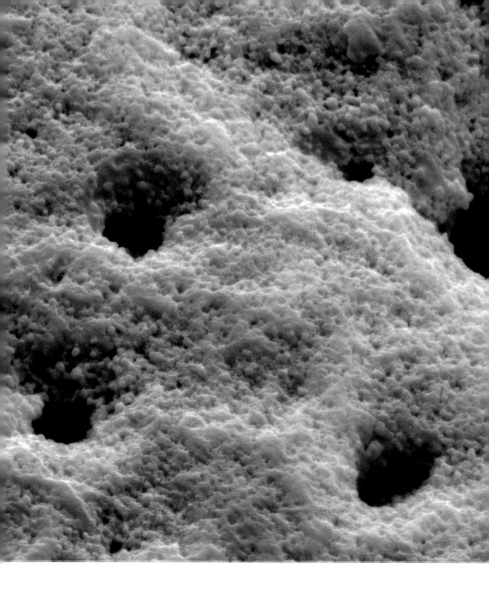

猜 猜这是什么?

鸡蛋

    鸡蛋是母鸡的卵，是由内而外长成的：蛋黄最先产生，然后蛋白包裹住蛋黄，最后长出蛋壳。

    蛋壳主要由碳酸钙构成，上面有很多微小的孔隙，空气可以通过这些小孔进入鸡蛋内部。

    以产蛋为目标而饲养的母鸡被称为蛋鸡，一只品种优良的蛋鸡一年可以产下大约 300 个蛋。

猜猜这是什么？

指纹

　　指纹是我们手指末节内侧皮肤上的花纹结构，在手指接触到物体表面时，手上的汗液和皮脂就会在物体表面留下指纹的痕迹。

　　对于每个人来说，指纹都是独一无二的，并且一生中都不会发生改变，因此，指纹可以被用于身份识别。

猜 猜这是什么？

霜

霜是空气中的水在地面或地表结成的冰晶。

当地表温度降到霜点以下时，空气中过饱和的水汽就会在地面或者地表物体上凝华成霜。

气象学上将晚秋产生的霜称为"早霜"，早春产生的霜称为"晚霜"。

猜 猜这是什么？

蚊子

蚊子是蚊科昆虫的统称，已知全世界一共有 3500 余种蚊子。

蚊子是在大约 2 亿多年前从其他昆虫中分化出来的。4600 万年前的化石中的蚊子与现代的蚊子别无二致。

蚊子通常以花蜜和植物汁液为食，但每到繁殖季节，一些种类的雌蚊子为了繁殖后代，会吸取动物血液为食。

蚊子是世界上造成人类死亡数量最多的动物，它可以携带多种病原体，每年有超过 70 万人因被蚊子叮咬而患病去世。

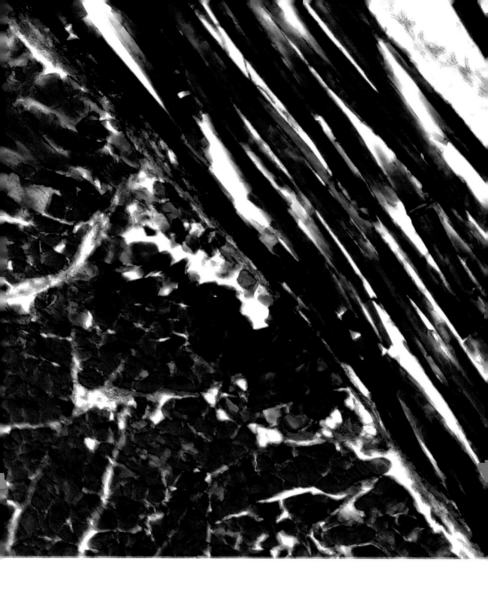

猜猜这是什么？

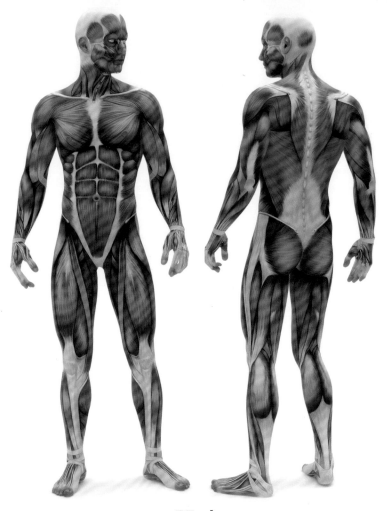

肌肉

肌肉有维持人体活动、保护人体组织、连接骨骼关节等多种作用。

按照功能和结构分类，肌肉有 3 种类型，分别是平滑肌、心肌和骨骼肌。

骨骼肌能随人的意志而收缩，例如肱二头肌；平滑肌和心肌则受自主神经支配而不受人的意识控制。

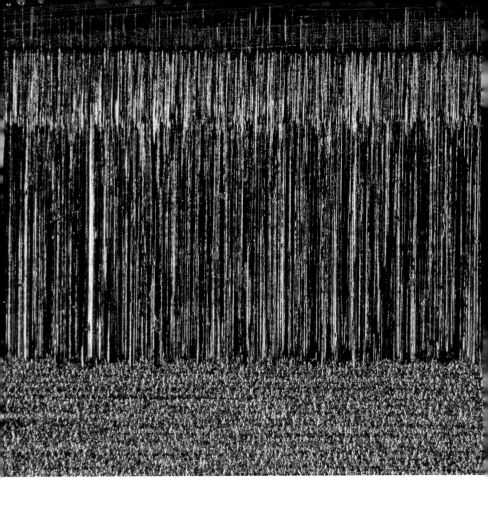

猜 猜这是什么？

剃刀

　　剃刀刀片由刀片钢制成，这是一种特殊的不锈钢，是 1960 年专门为制造刀片而开发出来的。

　　安全剃刀 1762 年就已经出现了，是法国发明家佩雷特的作品。但直到 20 世纪，安全剃刀才全面取代了之前流行的直型剃刀。

　　第一把使用一次性刀片的双刃安全剃刀是 1901 年由美国发明家金·坎普·吉列发明的。

猜 猜这是什么？

海胆

世界上大约有 950 种海胆。从温暖的海域到极地海洋，从浅水区到 5000
米以上的深海，它们遍布世界各地的海洋之中。

海胆的直径通常在 3 ～ 10 厘米之间，不过最大的可以达到 36 厘米。

海胆的移动速度很慢，一天最多只能移动几十厘米。

一些海胆的棘刺有毒，绝大多数海胆都不能食用，仅有几种海胆的精巢
和卵巢可供食用。

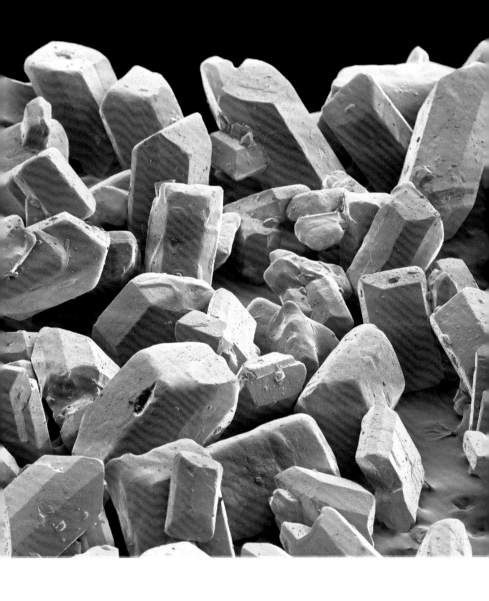

猜 猜这是什么？

糖

　　糖是由碳、氢、氧3种元素组成的有机化合物。

　　我们离不开糖，糖是我们日常生活中必不可少的食物，也是主要的能量来源。

　　糖的种类很多，葡萄糖、果糖是单糖，麦芽糖、蔗糖是多糖。我们日常生活中常见的白砂糖属于蔗糖。

　　中国最早在西周就已经开始制糖了，不过当时制作的是麦芽糖。

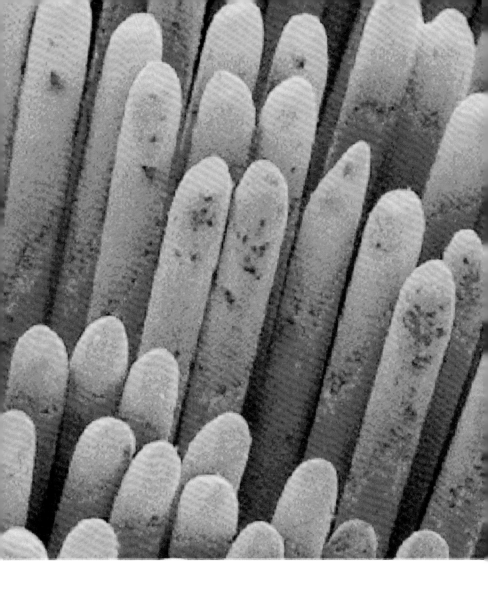

猜猜这是什么?

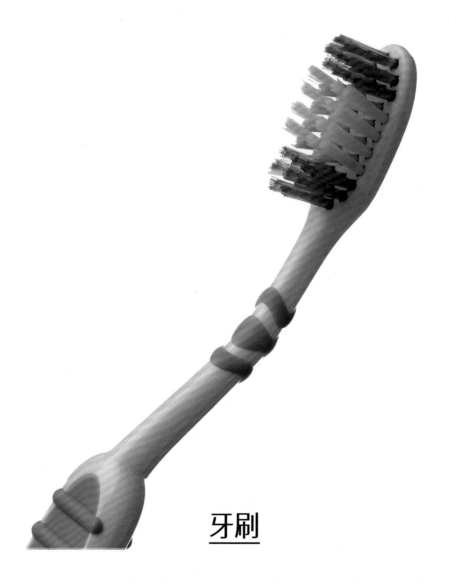

牙刷

　　最早的牙刷其实只是一些树枝，人们将树枝末端咬散，用树枝的纤维作为"毛刷"清洁牙齿。

　　第一把与现代形制相似的牙刷出现在唐代中国，是用兽骨和猪鬃制成的。这种牙刷 17 世纪传入欧洲后，刷毛被替换成了马毛。

猜猜这是什么？

黑胶唱片

　　黑胶唱片的前身是 19 世纪 80 年代末由德国人柏林纳发明的胶木唱片，最初以虫胶为制造原料。

　　1948 年，一种全新的材料乙烯基塑料问世，黑胶唱片也随之诞生。黑胶唱片有 12 英寸、10 英寸和 7 英寸三种常见尺寸（1 英寸等于 2.54 厘米），不同的直径决定了不同的时间容量。

　　但随着 20 世纪 80 年代 CD 技术的出现，黑胶唱片慢慢退出了主流舞台。

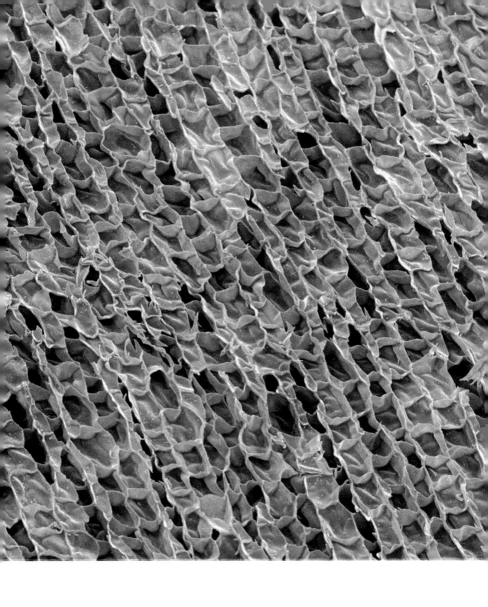

猜 猜这是什么?

软木塞

  常见的软木塞由栓皮栎的树皮制成。这种树有着发达的木栓层，但生长缓慢，9年才能收获一次。

  用于葡萄酒瓶的软木塞可以由整块软木制成，也可以由软木颗粒压制而成。

  软木特殊的结构使其在满足防水密封要求的同时，又能满足透气的要求，能使葡萄酒的味道和香气随着时间的推移变得更加馥郁。

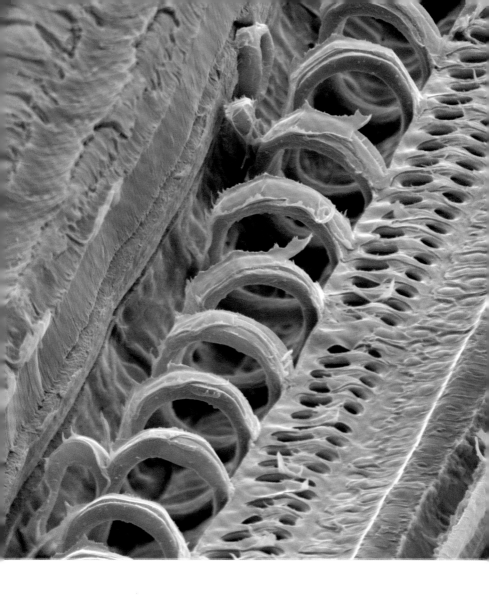

猜 猜这是什么?

竹子

竹子属于禾本科植物，它的生长速度极快，通常每天可以长高 3～10 厘米，个别种类甚至可以每小时长高 4 厘米。

竹子有着极好的硬度和韧性，用途广泛，既可以作为建筑材料，又可以作为造纸原料，或是用于编织。

竹子的幼芽就是竹笋，有些种类的竹笋味道非常鲜美。竹子还是大熊猫的主要食物。

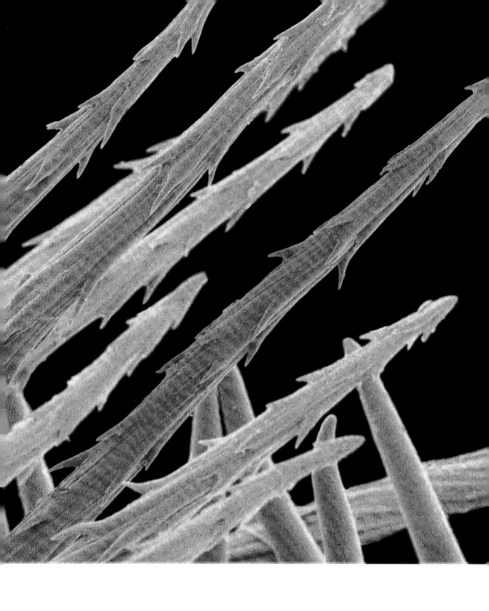

猜猜这是什么?

仙人掌

　　全世界有近 2000 种仙人掌，我们熟悉的火龙果就是仙人掌科的一种植物。

　　仙人掌大多生活在干旱地区。仙人掌的刺是特化的叶片，这样一方面有利于保存体内的水分，另一方面也可以起到防御作用，避免被动物啃食。

　　不同种类的仙人掌形态迥异，在现有记录中，最高的仙人掌高达 19.2 米。

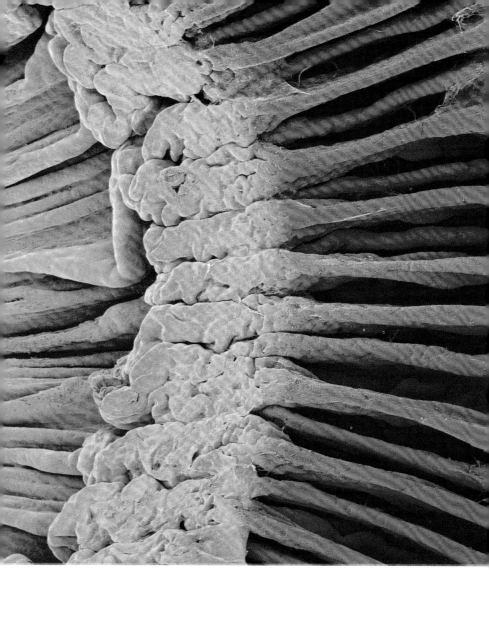

猜 猜这是什么?

人的眼睛

人类的眼睛可以区分大约 1000 万种颜色，还能感应到单个光子。

眼球中的虹膜的颜色取决于虹膜中色素的含量，从浅棕色到黑色不等。不过人眼中并没有蓝色或者绿色色素，有些人的眼睛会呈蓝色或绿色是因为一种叫"瑞利散射"的现象，其原理与我们看到的天空呈蓝色是一样的。

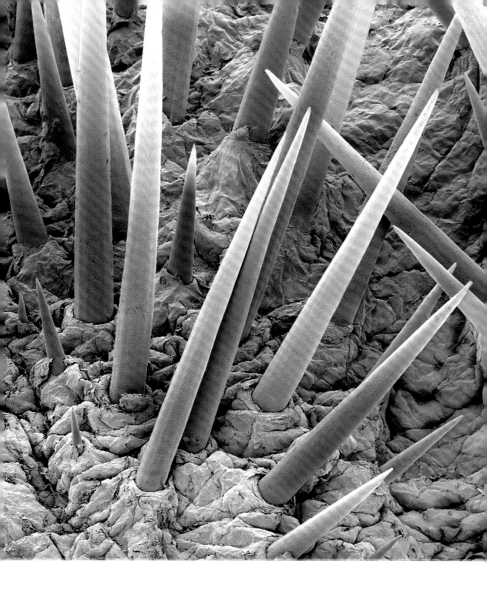

猜 猜这是什么?

刺猬

刺猬属于哺乳动物，全世界一共有 17 种刺猬。

刺猬已经在地球上生活了 1500 万年，现在的刺猬与它们的祖先几乎没有什么不同。

刺猬喜欢在夜间活动。在气温过低、没有足够食物的冬天，野生的刺猬通常会进入冬眠。

猜猜这是什么？

灰尘

我们的生活环境中充满了各种灰尘，它们由花粉、动物毛发和皮屑、尘螨、织物纤维、纸屑、土壤中的矿物质以及许多其他物质组成。

不同地方的灰尘的成分是不一样的，通常越干燥的地方灰尘越多。

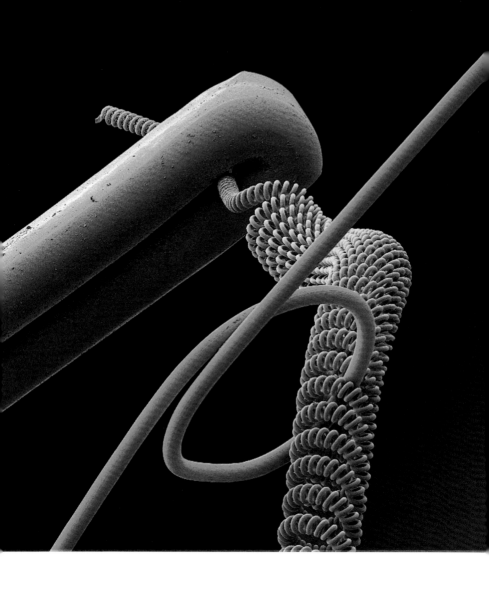

猜猜这是什么?

白炽灯

白炽灯是最早出现的电灯。

白炽灯是通过加热灯丝，使灯丝的温度上升到白炽状态来发光的。但是灯丝消耗的电能只有一小部分能转为可见光，因此相对于其他类型的电灯而言，白炽灯发光能效不高，有大量的电能会因为发热而损失掉。

白炽灯并不是爱迪生发明的，他只是对它进行了改良，并推动了它的商业化。

猜 猜这是什么？

帽贝

　　帽贝是一种海洋贝类。它强有力的足可以将自己牢牢固定在坚硬的岩石表面，再加上它分泌的一种黏性物质，想要从岩石表面取下一只帽贝，是一件很不容易的事情。

　　在涨潮时，帽贝会到处游走，刮取岩石表面的海藻食用。为此，帽贝长着一口厉害的牙齿，这也是目前已知自然界中强度最高的天然生物材料。

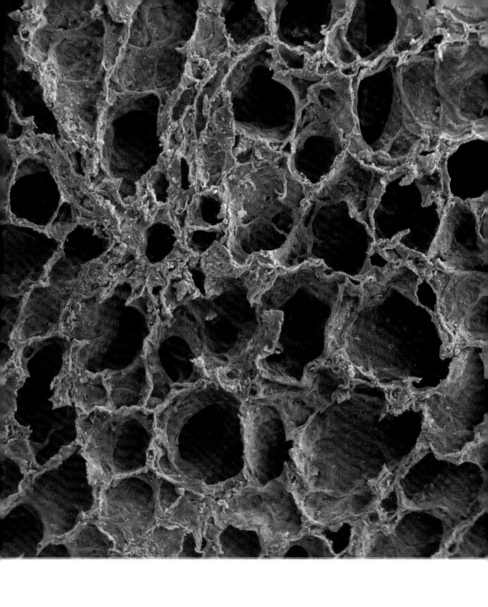

猜 猜这是什么?

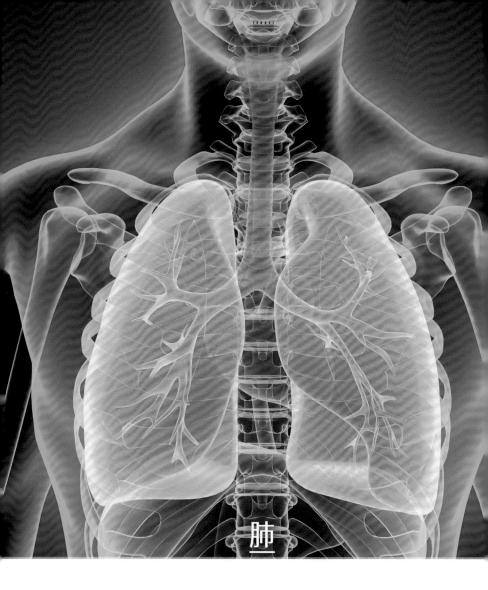

肺

肺是用于气体交换的器官，吸气时扩大，呼气时缩小。

正常人类有两个肺：左肺和右肺。通常右肺比左肺略大，右肺有三个肺叶，左肺有两个肺叶，这是因为左肺要和心脏共享胸部的空间。

人类肺的重量大约为1.3千克，有3亿～5亿个肺泡。

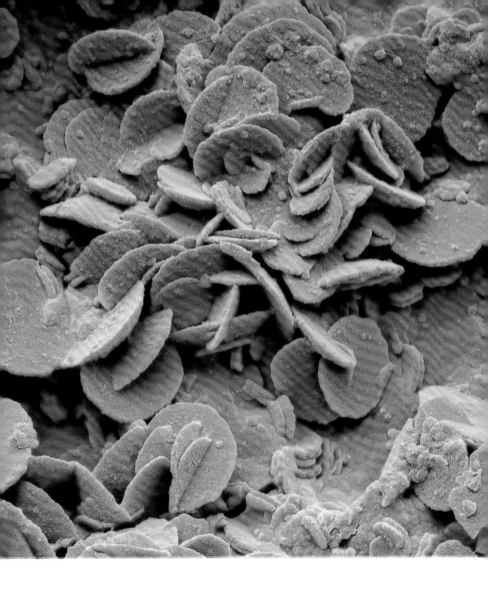

猜 猜这是什么?

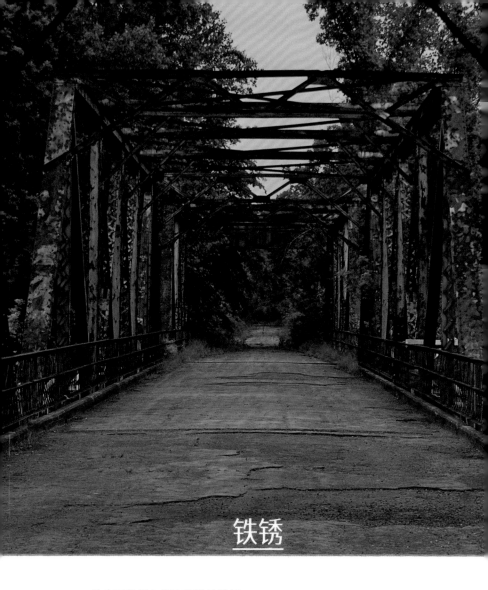

铁锈

铁表面的褐色鳞片层就是铁锈。

铁暴露在含有酸性气体的潮湿空气、水和泥土中就会生锈，也就是从铁变成铁的氧化物。铁锈主要由水合氧化铁组成。

生锈会影响铁的硬度，从而对铁制品造成损害。

猜 猜这是什么？

藏红花

藏红花既可以指一种鸢尾科的植物，也可以指由这种植物的花柱制成的香料。

作为香料的藏红花极为珍贵，450克干藏红花的价值超过5000美元，不过制作这些干藏红花需要采集5万～7.5万朵藏红花的花柱。

伊朗是藏红花最主要的产地，年贸易额可达82亿美元。

藏红花中有150多种芳香性物质。据说亚历山大大帝是一名藏红花爱好者，他喜欢用藏红花泡茶，煮饭时也要加入藏红花，还会用泡了藏红花的水沐浴。

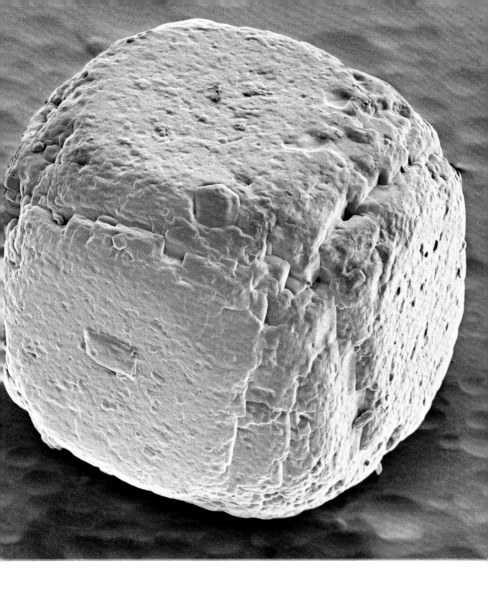

猜猜这是什么?

食盐

　　咸味是人类的基本味觉之一。盐对于我们生活来说是必不可少的。

　　食盐的主要成分是氯化钠。按原料来源，食盐可以被分为海盐、湖盐、井盐及矿盐等。

　　盐是最古老的，也是最重要的调味料。据考证，早在几千年前，人类就开始制备食盐了。

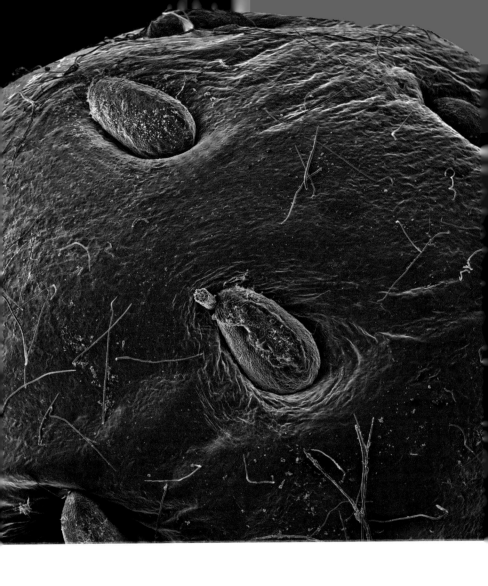

猜猜这是什么?

草莓

　　草莓是蔷薇科的植物，草莓属有 20 余个物种。

　　我们主要食用的并不是草莓的果实，而是它膨大的花托。一颗草莓上大约有 200 颗种子。

　　14 世纪时，欧洲人就开始栽培草莓了。

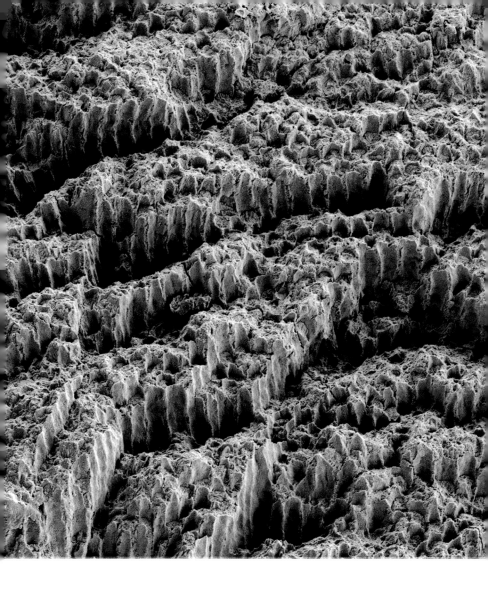

猜 猜这是什么?

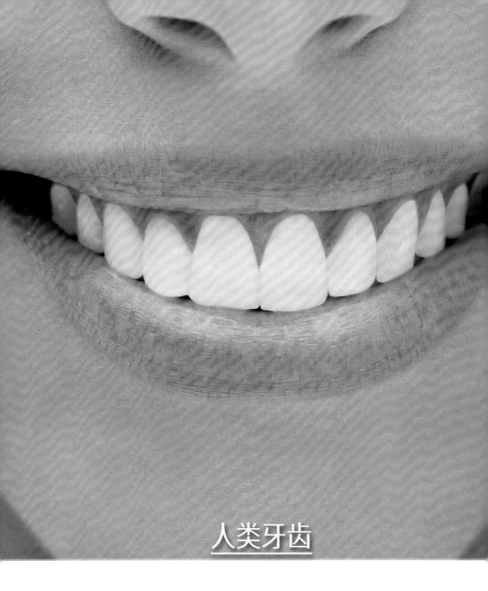

人类牙齿

　　人类会在出生 6 个月左右开始长牙，最初生长的这些牙齿被称作"乳牙"。到 6 岁左右时，乳牙会逐渐脱落，长出新的"恒牙"。成年人类通常有 28 ～ 32 颗恒牙。

　　一颗牙可以分为牙冠、牙颈和牙根三部分，从外到内分别是牙釉质（牙根最外层为牙骨质）、牙本质和牙髓。根据不同的位置、功能和形状，人的牙齿可以被分为切牙、尖牙、前磨牙和磨牙四种。

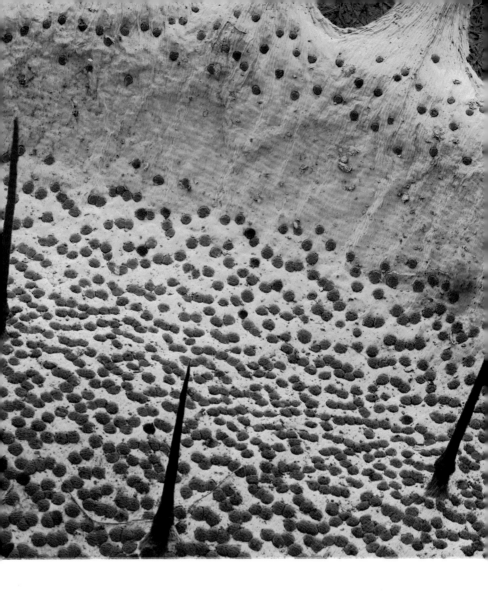

猜 猜这是什么？

捕蝇草

捕蝇草是一种食虫植物，原产于北美洲东南部。

捕蝇草的叶子特化出了一种诱捕结构，上面有具有感觉能力的刚毛。这些刚毛可以感知捕虫夹内侧是否有大小适合食用的生物。捕虫器内的刚毛必须至少有两根被触碰，而且时间间隔大约在 20 秒内，捕虫器才会被触发。如果刺激只是来自风或者雨水，捕虫器就不会有任何反应。

猜 猜这是什么？

硫酸铜

硫酸铜是一种常见的盐,它通常是亮蓝色的,不过无水硫酸铜是白色粉末。

硫酸铜用途极广,既是杀虫剂、杀菌剂和防腐剂,还是一种染料,在制药、化肥、电池等行业中也有很多用途。

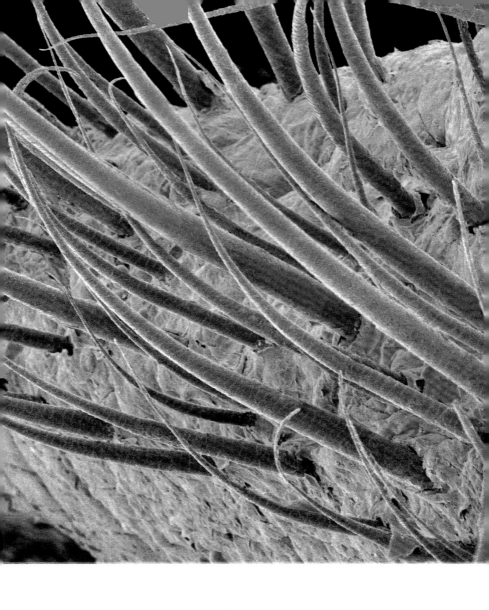

猜 猜这是什么?

睫毛

睫毛是上下眼睑边缘的细毛。

睫毛可以保护眼睛，阻挡灰尘等东西侵入眼内。并且，就像猫的胡须一样，睫毛对触碰非常敏感，因此可以在有物体（比如昆虫）靠近眼睛的时候，引发闭眼反射，保护眼球的安全。

猜猜这是什么？

鬣蜥

鬣蜥最早是由奥地利博物学家约瑟夫·尼古拉斯·劳伦蒂于1768年描述并命名的。

鬣蜥的体长1.5～1.8米不等，尾巴的长度大约占体长的三分之二。

绿鬣蜥是最常见的鬣蜥，它分布于中美洲和南美洲。幼年的绿鬣蜥通常为绿色，但成年的绿鬣蜥颜色十分多样。当绿鬣蜥遇到天敌无处可逃时，会断尾逃生。

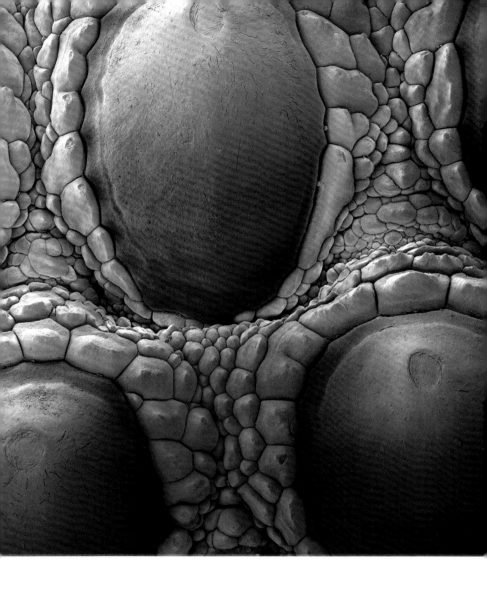

猜猜这是什么？

科莫多巨蜥

科莫多巨蜥是地球上现存最大的蜥蜴，它最长可达3米，平均体重更是可达约70千克。年幼的科莫多巨蜥相对比较弱小，因此在树上生活，以躲避猎食者（包括成年的科莫多巨蜥）。

科莫多巨蜥主要依靠嗅觉寻找食物。它们用舌头收集空气中的气味分子，可以发现方圆9.5公里内已死或濒临死亡的动物。科莫多巨蜥的颌部和头骨间的关节开阖自如，可吞下大块食物，甚至是整只的山羊。由于新陈代谢缓慢，科莫多巨蜥一年仅需进食12次。

科学家在科莫多巨蜥的血液中发现了一种强力抗菌成分，能杀死耐药菌株，促进伤口愈合。

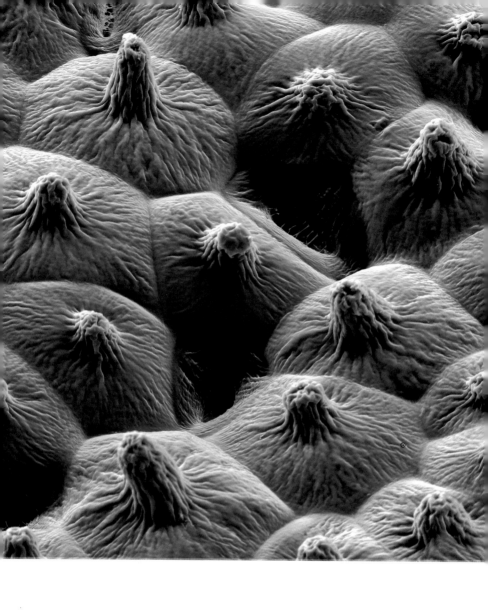

猜 猜这是什么?

荷

    荷原产于中国，已经有超过 3000 年的种植历史。莲子是荷的种子，可以存活很多年，即便是千年以前的古莲子，在适当条件下仍然可以发芽、开花。

    荷叶的表面附着无数个微米级的蜡质乳突结构，因此荷叶表面与水珠或尘埃的接触面积非常有限，水珠和灰尘很难留在荷叶表面。

猜猜这是什么？

鼹鼠

鼹鼠是一种小型哺乳动物，以昆虫和其他无脊椎动物为食。虽然叫"鼠"，但它们与老鼠的亲缘关系并不相近。

鼹鼠喜欢在地下生活，前肢上长有强有力的爪子，非常善于挖掘。

鼹鼠的唾液中含有一种可以使蚯蚓瘫痪的毒素，因此它们能够储存活着的猎物以备后用，并为此建造特殊的地下"贮藏室"，研究人员曾在一个这样的"贮藏室"里发现了1000多条蚯蚓。

猜猜这是什么?

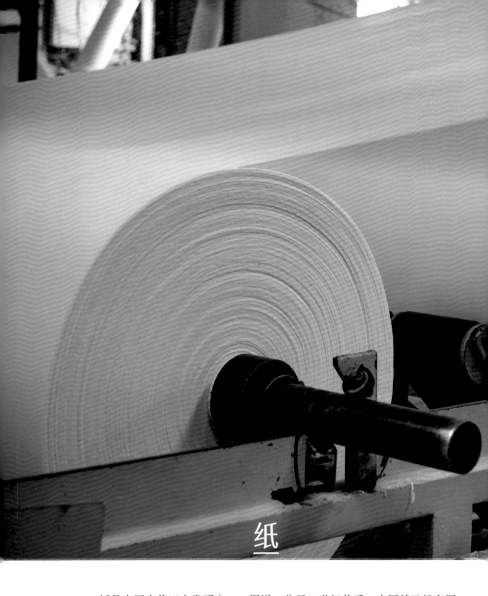

纸

　　纸是中国古代四大发明之一。据说，公元 2 世纪前后，中国就已经有用纸浆造纸的工艺了。然而，纸张出现的时间还要更早。

　　在纸张中加入适量的胶料、染料等，可以改变纸张的一些特性，满足特殊的使用需求。

　　现在的纸张多用植物纤维制造。在过去的 40 年间，全世界的纸张消耗量增加了 400%，这加剧了对森林的砍伐。

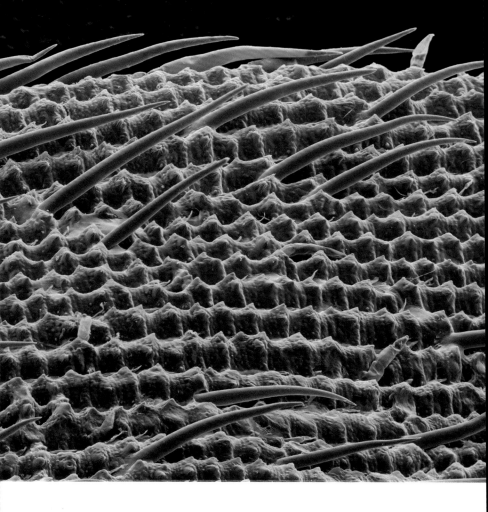

猜 猜这是什么？

水稻

水稻是禾本科植物，是世界主要粮食作物之一。中国是水稻栽培历史最悠久的国家。

水稻是排在甘蔗和玉米之后，全球产量第三高的农产品。

水稻的种子经过去壳加工就成了大米。2021/22年度，全球大米的产量超过了5亿吨。大米为全球人类饮食提供了近五分之一的热量。

猜猜这是什么?

蛙

蛙是两栖动物。现存的两栖动物一共有 3 个目，它们有着共同的祖先。

蛙类分布广泛，从热带到亚北极地区都能找到它们的身影。不过蛙类物种多样性最集中的地方还要数热带雨林。

在现有记录中，全世界有近 6000 种蛙（包括蟾蜍），占所有两栖动物的 85% 以上。

不同种类的蛙颜色各异，既有斑驳的棕色、绿色、灰色，让它们可以与环境融为一体；也有鲜艳醒目的红色、黄色，可以彰显它们的毒性。

有超过三分之一的蛙类濒临灭绝。

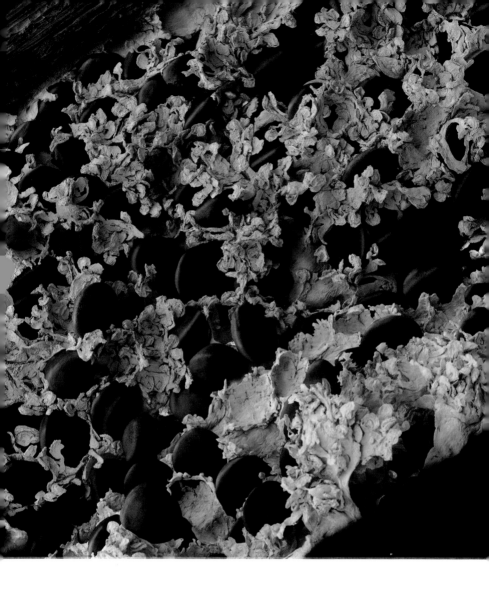

猜 猜这是什么?

香草 (香荚兰)

　　香草是兰科香荚兰属植物的统称，它们均分布在热带地区。16 世纪 20 年代，西班牙探险家埃尔南·科尔特斯将其带回了欧洲。

　　香草是一种攀缘植物，需要依靠其他物体作为支撑。

　　香草的果实香草荚是一种调味品，这也是世界上第二昂贵的香料，仅次于藏红花。马达加斯加是世界上最大的香草荚生产地。

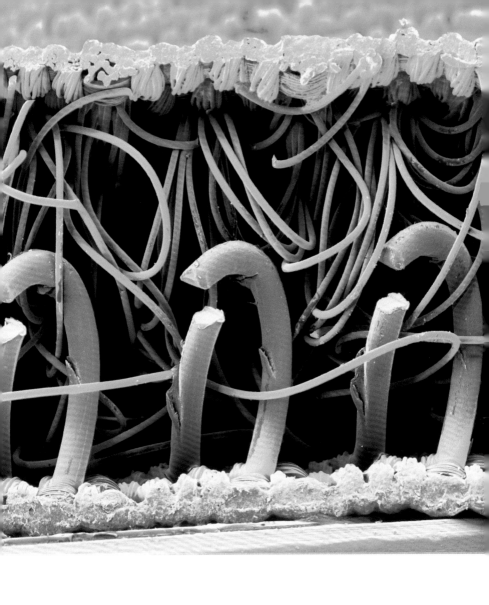

猜 猜这是什么？

尼龙粘扣

　　尼龙粘扣也被称为"魔术贴"，是瑞士人乔治·德·梅特勒的发明。他的灵感来自粘在他养的狗身上的牛蒡刺。

　　尼龙粘扣由两部分组成，一部分是一面小钩，另一部分是一面小环，当把这两部分压在一起时，小钩会勾住小环，两部分得以紧密结合。

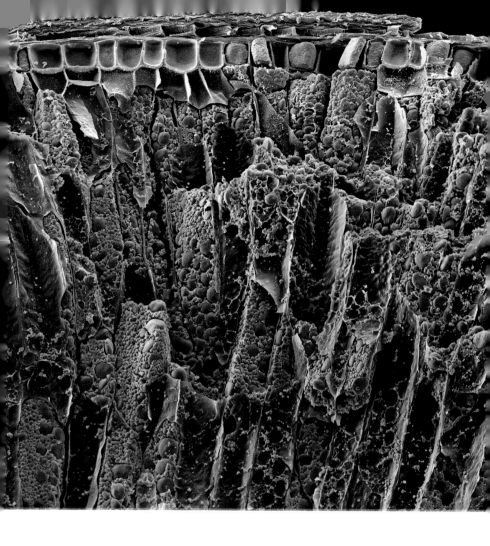

猜 猜这是什么?

小麦

　　小麦是禾本科小麦属植物的统称。小麦起源于古代中东，考古记录表
明，早在公元前 7000 ～前 6000 年，土耳其、伊朗等地区就已经开始广泛种
植小麦了。

　　小麦的种子富含淀粉和蛋白质，可以用于制作面粉。现在，小麦是世界
上分布最广、种植面积最大的粮食作物。

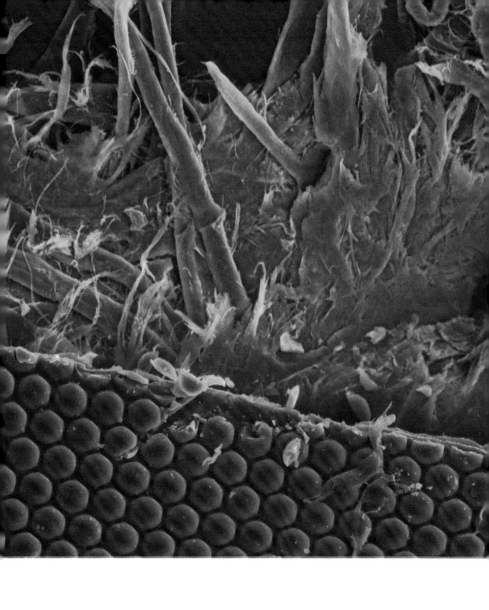

猜 猜这是什么？

美元纸币

    100 美元纸币于 1862 年首次发行，自 1914 年以来，上面一直印刷着本杰明·富兰克林的头像。流通中的 100 美元纸币的平均寿命是 7.5 年，如果纸币产生磨损，就会被替换。

    纸币的防伪技术一直在不断进步。目前，纸币防伪技术包括使用特种纸张，增加水印、安全线等特殊工艺，以及使用钢板雕刻和荧光印刷等特殊印刷技术。

    世界上最早的纸币是中国宋代出现的"交子"。

猜 猜这是什么?

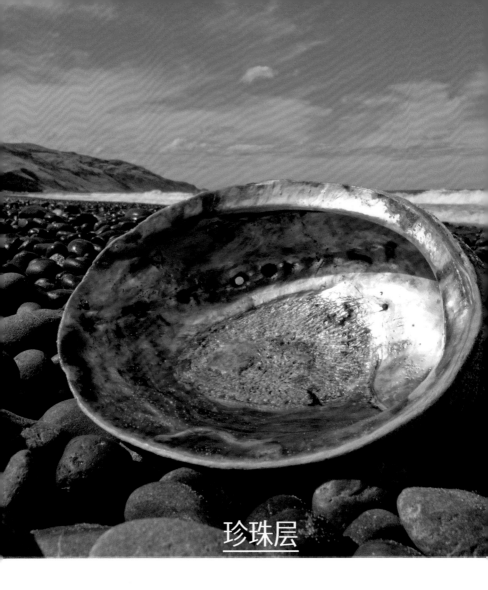

珍珠层

珍珠层是软体动物贝壳最内层的结构，它结实，有着彩虹般的光泽。

珍珠层不断沉积在贝壳内表面，使表面光滑，保护贝类的软组织免受侵害。

珍珠层由碳酸钙与贝壳硬蛋白交错排列而成，在电子显微镜下会呈现出规整有序的"砖墙"式结构。

珍珠层与珍珠的成分相同。

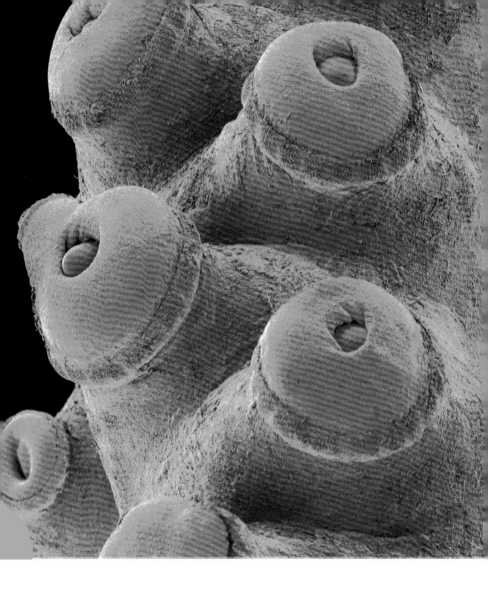

猜 猜这是什么?

章鱼

章鱼的身体十分柔软，可以迅速改变形状，因此章鱼能够挤过细小的缝隙。

章鱼在所有无脊椎动物中最聪明、行为最多样，还拥有极好的视力。

章鱼的寿命不长，视种类不同从 6 个月到 5 年不等。雄性章鱼会在交配后很快死亡，雌性章鱼也会在小章鱼孵化出来之后死去。

章鱼大多有毒，其中对人类来说，毒性最致命的是蓝环章鱼。

猜 猜这是什么?

企鹅

已知全世界共有 17 种或 18 种企鹅，这些企鹅主要生活在南半球，多数分布在南极地区。

现存最大的企鹅是帝企鹅，平均身高约为 1.1 米，体重可超过 35 千克；最小的企鹅是小企鹅，平均身高约为 40 厘米，体重只有 1 千克。一些已经灭绝的史前企鹅极为巨大，有着与成年人类相近的身高和体重。

企鹅身上的羽毛像是层层叠叠的鳞片，羽毛和皮肤间留有一层空气，既可以让企鹅在游泳时保有一定浮力，又有助于保暖。

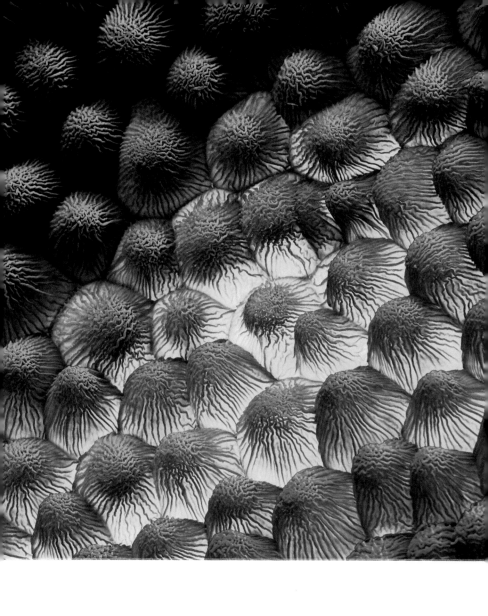

 猜猜这是什么？

油菜籽

油菜籽是十字花科作物油菜的种子。油菜籽的油脂含量在 40% 左右。

世界上油菜种植面积最大的国家是中国，其油菜籽产量居世界首位。用油菜籽榨出的油被称为菜籽油，是世界第三大食用油。

除了作为食用油，菜籽油也可以作为化工原料。

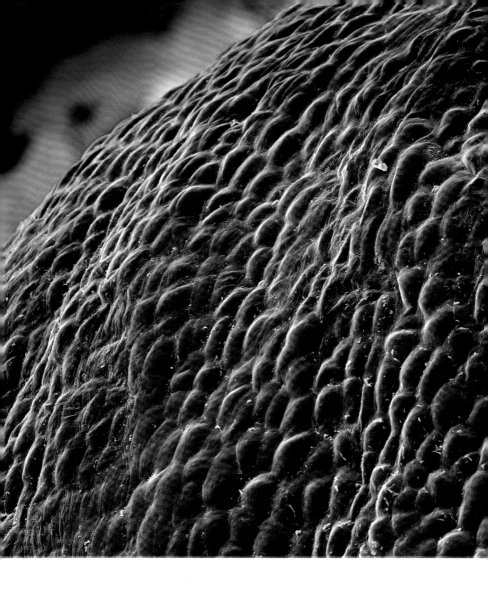

猜 猜这是什么？

葡萄

　　葡萄是世界上最古老的果树树种之一，古埃及的象形文字中，就有关于种植葡萄的记录。据考证，人类在六七千年前就开始种植葡萄，考古学家还在亚美尼亚发现了 6100 年前的葡萄酒酒厂遗址。

　　全世界产出的葡萄中有 71% 被用于酿酒，27% 作为鲜食水果，还有 2% 被制成了干果。

猜 猜这是什么？

海豹

  海豹是哺乳纲鳍足目动物，除海豹外，鳍足目还有海狮和海象，共有 33 个物种。

  陆生哺乳动物中，与海豹亲缘关系最近的是熊，不过它们在 5000 万年前就已经在演化的道路上分道扬镳了。

  不同物种的海豹大小不等，最小的海豹是体长只有 1 米，体重只有 45 千克的贝加尔海豹；而最大的是体长超过 5 米，体重高达 3.2 吨的象海豹。

  海豹在水中睡觉时，会有一半大脑处于清醒状态，以便及时发现捕食者并逃跑。不过它们在陆地上睡觉时，整个大脑都会进入睡眠状态。

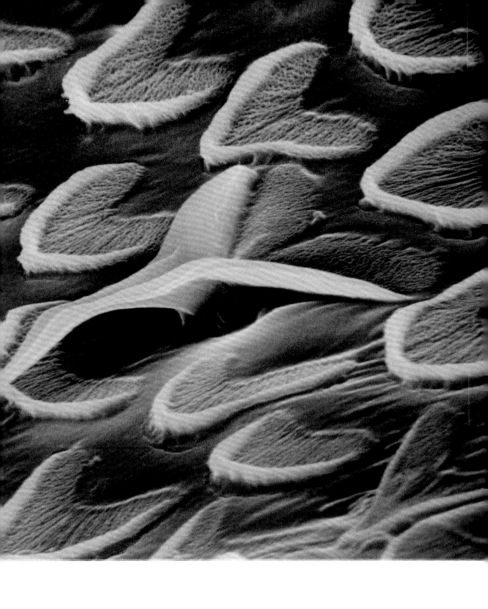

猜 猜这是什么?

蜗牛

　　蜗牛是世界上牙齿最多的动物。蜗牛嘴巴长在两个触角中间往下一点的地方，大小和针尖差不多，嘴中有一条被称为"齿舌"的矩形的舌头，上面长着无数细小而整齐的角质牙，牙的总颗数过万。齿舌会像锉刀一样刮取食物。

　　在干燥的环境中或是在冬眠时，有些蜗牛会用厣封闭壳口。

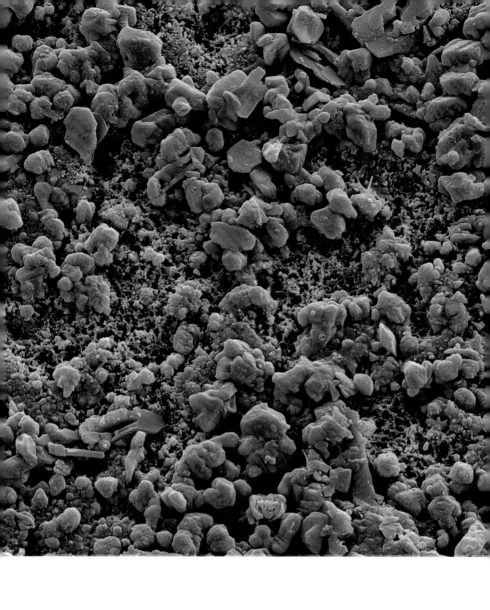

猜猜这是什么?

太阳能电池板

1839 年，法国科学家亚历山大·贝克勒尔做物理实验时，发现了光生伏打效应。

1881 年，美国发明家查尔斯·菲特制造出了第一块太阳能电池板。

1939 年，美国拉塞尔·奥尔制造出了固态二极管的基本结构 PN 结，为现代太阳能电池板的出现奠定了基础。

太阳能电池板的能量转化效率并不是很高，平均只有 21.5%，只有少数太阳能电池板的转化效率能超过 24%。

猜 猜这是什么？

灰林鸮

　　灰林鸮是一种夜间活动的猛禽，会捕捉啮齿类动物，并将其整个吞下。出色的视力和定向听觉，以及无声飞行的能力对它的夜间狩猎颇有助益。

　　灰林鸮主要栖息在欧亚大陆的森林中，它并不会随季节迁徙，有着很强的领土意识。

　　在很多文化中，灰林鸮及其他猫头鹰会被看作是坏运气的征兆。

猜 猜这是什么？

茶叶过滤袋

茶叶过滤袋通常由纸或食品级塑料制成，偶尔会使用蚕丝。

最早的茶叶过滤袋是手工缝制的，它的专利最早可以追溯到 1903 年。大约 1904 年，商业化的茶叶过滤袋就已经出现了。

现在生活中常见的矩形茶叶过滤袋是 1944 年才出现的。

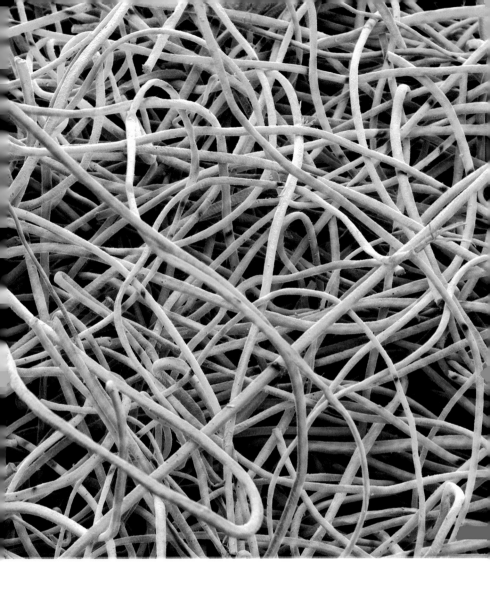

猜 猜这是什么?

网球

　　现代比赛中使用的网球必须符合特定的标准。按国际网球联合会的规定，网球的直径必须在 6.54 ～ 6.86 厘米，重量必须在 56.0 ～ 59.4 克的范围之内才是合格的。

　　国际网球联合会还规定了网球必须是白色或黄色的，现在常见的网球大多使用的是荧光黄色。

　　一旦装网球的罐子被打开，网球就会逐渐失去弹性。

　　在 19 世纪 70 年代早期，草地网球流行起来之前，网球是一种宫廷游戏。

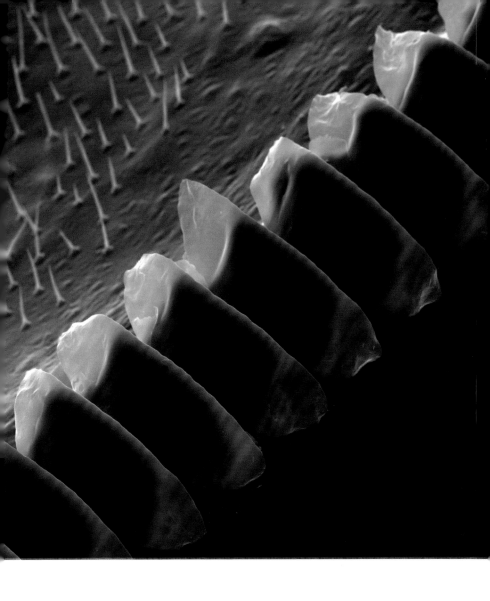

猜 猜这是什么？

蟋蟀

蟋蟀是直翅目昆虫，种类很多。

雄蟋蟀会利用翅膀发声。雄蟋蟀右边的翅膀上长着锉样的短刺，左边的翅膀上长着刀一样的硬棘。左右两翅相互摩擦，就可以发出悦耳的声响。它们希望能靠这些声音来吸引雌蟋蟀。

不过也有一些蟋蟀是不会发出声音的。

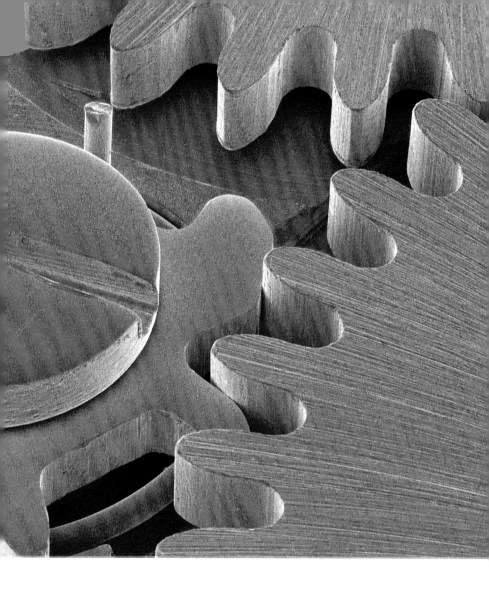

猜 猜这是什么？

手表

    手表最初是由发条驱动的，最早出现在 17 世纪，由 14 世纪的发条钟演化而来。20 世纪 60 年代，又出现了由电池供电，依靠振动的石英晶体来计时的石英表。

    最初，只有女性才佩戴手表，男性更愿意使用怀表，这一风潮直到 20 世纪初才发生改变。

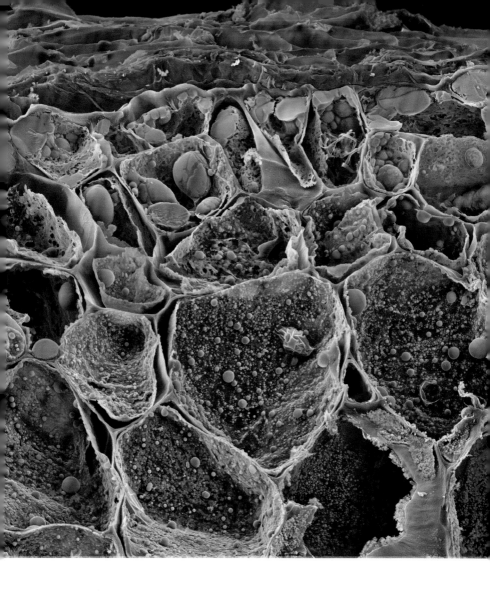

猜 猜这是什么？

咖啡豆

    咖啡豆是咖啡树的种子，长在被称为"咖啡樱桃"的果实之中。一颗咖啡樱桃中，通常有两粒咖啡豆。

    咖啡是世界三大饮料之一。2021年，全球咖啡豆总产量高达1.675亿袋（每袋60公斤）。全球每天平均要喝掉22.5亿杯咖啡。美国是世界上最大的咖啡进口国以及消费国。

猜猜这是什么？

蒲公英

　　蒲公英是菊科植物，是一种极为常见的野花。它的花大多为黄色，白天绽放，夜晚闭合。

　　蒲公英成熟的果实像一枚白色的绒球，这是因为蒲公英的种子上面长着白色的冠毛。这些种子会利用小伞一般的冠毛，在成熟后随风扩散到更远的地方。

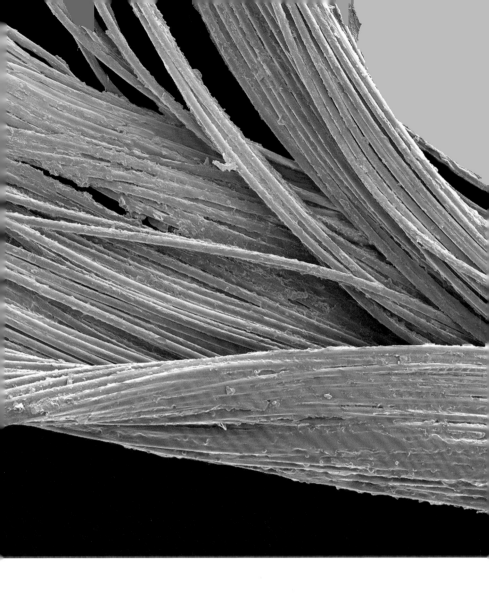

猜 猜这是什么?

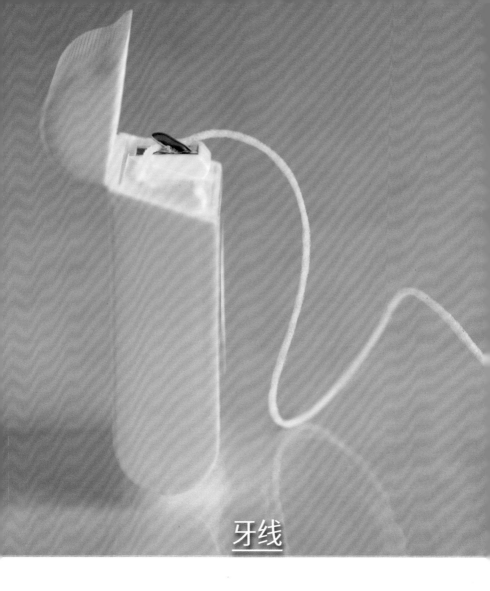

牙线

　　牙线最早是由牙医利维·帕姆利于 1819 年发明的，最初的牙线由涂了蜡的丝线制成。但帕姆利的发明在当时太过于超前，因此直到 1882 年，牙线才被商业化。

　　第二次世界大战期间，美国医生查尔斯·巴斯发明了尼龙牙线。

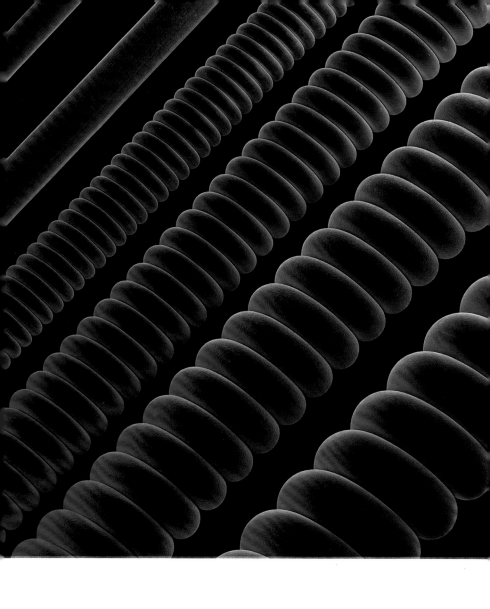

猜猜这是什么？

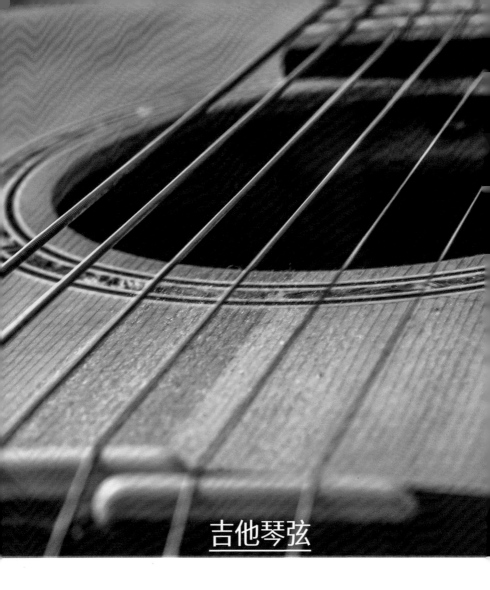

吉他琴弦

有的吉他琴弦是由单一材料，如尼龙或肠线制成的；还有些是由一种材料做芯，又在外面缠绕另一种材料制成的。

吉他起源于中东，19世纪出现了有六根琴弦的现代古典吉他。古典吉他如今与小提琴、钢琴并称为世界著名三大乐器。

吉他可以演奏多种风格的音乐，包括但不限于流行音乐、民歌、摇滚音乐，等等。

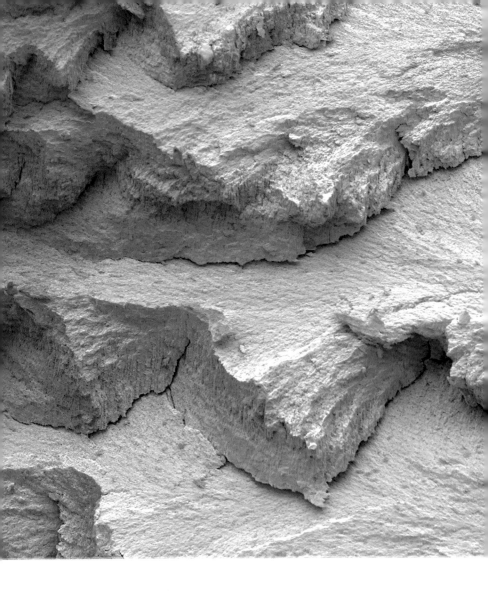

猜 猜这是什么？

象牙

象牙通常指象突出的上颌门牙，它的结构和其他哺乳动物牙齿的结构都是一样的。

亚洲象只有雄象有象牙，而非洲象则雌雄都长有象牙。

过去，象牙是一种贵重的材料，被用于雕刻饰物与工艺品。但愈演愈烈的盗猎行为对象的数量造成了严重的威胁，因此，许多国家已经全面禁止象牙交易，其中也包括中国。

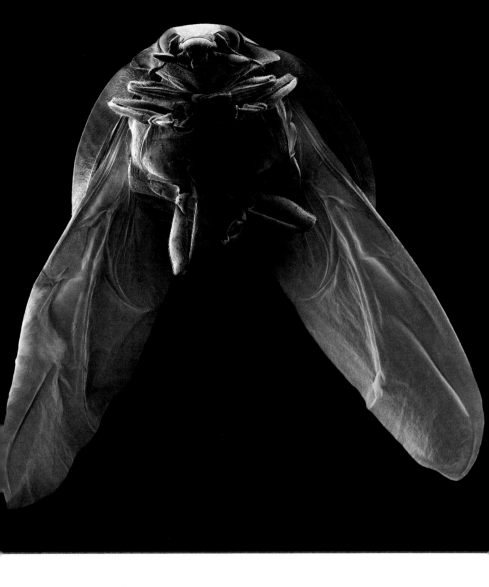

猜 猜这是什么？

瓢虫

瓢虫是一种半球形的颜色鲜艳的小型昆虫。

现在已知全世界有 5000 余种瓢虫，大小为 0.8 ～ 18 毫米不等。

有些瓢虫是"素食主义者"，有些则选择吃肉，其中后者捕食的通常是农业害虫。

现在有一些种类的肉食性瓢虫，如七星瓢虫，已经可以被大量人工饲养，用于生物防治，帮助人们消灭农田中的蚜虫虫害。

猜 猜这是什么?

光盘

光盘是一种信息储存器。

人们用强激光束在光盘上写入数字化信息，形成凹槽；读取信息时，则用弱激光束扫描这些凹槽。

常见的光盘可以分为 CD、DVD 和 BD（蓝光光盘），它们分别出现于 1984 年、1995 年以及 2006 年。

猜 猜这是什么？

胡椒

　　胡椒是世界上交易量最大的香料，也是在世界各地的烹饪之中最常见的香料之一。

　　至少在公元前13世纪，古埃及人就已经开始使用胡椒了。人们在古埃及法老拉美西斯二世的木乃伊中，发现了被封在鼻孔中的黑胡椒。

　　未成熟的胡椒果实经干燥后，表皮缩皱变黑，被称作"黑胡椒"；成熟的胡椒果实去皮后呈现白色，被称作"白胡椒"。

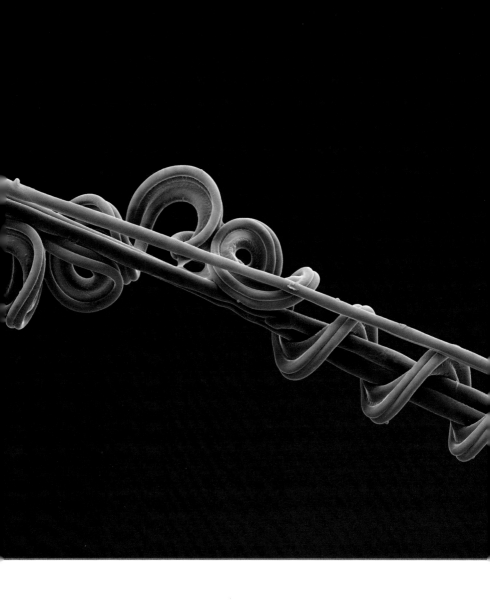

猜 猜这是什么？

蛛丝

　　蛛丝是蜘蛛的分泌物凝固而成的丝。蜘蛛腹部的后端有 2 或 3 对被称为纺绩器的结构，蛛丝就是从这里排出的。

　　蜘蛛主要利用蛛丝来织网，不过有时也会利用蛛丝使自己悬在空中。很多种类的蜘蛛都能够根据不同的用途改变蛛丝的粗细和黏性。在一些极端的情况下，蜘蛛甚至可以将蛛丝作为一种食物。

　　所有的蜘蛛都会制造蛛丝。

猜 猜这是什么？

海星

　　海星是一种海洋棘皮动物。全世界大约有 1500 种海星，它们广泛分布于各种深度的海洋中。

　　最早的海星化石可以追溯到大约 4.5 亿年前。

　　海星通常有 1 个中央盘与 5 只腕，不过有一些物种拥有更多的腕。

　　海星大多有着鲜艳的颜色。

 猜猜这是什么？

陆龟

　　陆龟仅生活在陆地之上，但分布范围非常广阔，包括亚洲、美洲、欧洲与非洲大陆。经过长时间的演化，不同种类的陆龟也适应了不同栖息地的环境，从潮湿的灌丛、热带森林，到干旱的草原，甚至在沙漠中，都可以找到它们的身影。

　　所有陆龟都是素食主义者。

　　陆龟是世界上最长寿的陆地动物，它们大多数可以活80～150岁。正因如此，在一些文化中，龟象征着长寿。

图书在版编目（CIP）数据

意想不到的微观世界/（英）斯潘塞·威尔比著；肖诚梓译 . — 北京：世界图书出版
有限公司北京分公司，2023.7
ISBN 978-7-5232-0394-1

Ⅰ . ①意⋯ Ⅱ . ①斯⋯②肖⋯ Ⅲ . ①微观系统—普及读物 Ⅳ . ① Q1-49

中国国家版本馆 CIP 数据核字（2023）第 077558 号

Originally published in English under the title Up Close © Worth Press Ltd, Bath, England, 2019

书　　名	意想不到的微观世界	
	YIXIANGBUDAO DE WEIGUAN SHIJIE	
著　　者	［英］斯潘塞·威尔比	
译　　者	肖诚梓	
责任编辑	刘天天	
责任校对	尹天怡	
出版发行	世界图书出版有限公司北京分公司	
地　　址	北京市东城区朝内大街 137 号	
邮　　编	100010	
电　　话	010-64038355（发行）　64033507（总编室）	
网　　址	http://www.wpcbj.com.cn	
邮　　箱	wpcbjst@vip.163.com	
销　　售	新华书店	
印　　刷	河北鑫彩博图印刷有限公司	
开　　本	710 mm×1000 mm　1/32	
印　　张	5.25	
字　　数	80 千字	
版　　次	2023 年 7 月第 1 版	
印　　次	2023 年 7 月第 1 次印刷	
国际书号	ISBN 978-7-5232-0394-1	
版 登 号	01-2019-5049	
定　　价	42.00 元